ABC der … Feuerwehr

Von:

Für:

ABC der … Feuerwehr

TOMUS

 Arbeitsleine

A

Ach|tung, die

1. Geometrisch gleichmäßige Aufstellung von acht Feuerwehrleuten beim Halten des Sprungtuchs. Die „Achtung" ist auch unter der Bezeichnung „Oktogon-Formation" bekannt. Bei personalschwachen Wehren ist die „Sechsung" gebräuchlich („Hexagon-Formation").
2. Kommandoruf zur Bildung einer „Achtung" (bzw. „Sechsung").

Alarm, fal|sche(r), der

Auch als Unfugalarmierung bezeichnet. Wird häufig von böswilligen Dummköpfen und/oder Betrunkenen praktiziert. Die fachgerechte Auslösung eines falschen Alarms erfolgt ausschließlich dann, wenn die Glasscheibe des Feuermelders eingeschlagen wird, ohne dass ein Brandfall vorliegt. Am besten eignet sich hierfür ein Werkzeug oder der Ellbogen, auf keinen Fall aber die verletzbare Faust!

Alarm, rich|ti|ge(r), der

Die fachgerechte Auslösung erfolgt wie unter „Alarm, falsche(r)" beschrieben, jedoch sollte ein Brandfall vorliegen.

an|bren|nen

1. Fachausdruck aus der Gastronomie.
2. Im Umgang mit dem weiblichen Geschlecht lässt ein Feuerwehrmann selten etwas anbrennen. Ob dies in direkter Korrelation zu den schmucken Dienstuniformen steht, ist noch nicht nachgewiesen, wird aber derzeit von Dr. Florian Feuerknecht vom Institut für Demoskopie in Aschenbach untersucht.

Aqua|ri|um, das

Mit Zierfischen dekorativ getarntes Löschwasser-Reservoir zur Bekämpfung von Zimmerbränden.

Ar|beits|lei|ne, die

Vorrichtung zur Bindung ängstlicher Feuerwehrmänner an ihren Arbeitsplatz.

Ar|mee-Feu|er|wehr, die
Fälschlicherweise wird hierunter zumeist eine militärische Spezialabteilung verstanden. In Wahrheit handelt es sich um einen Übersetzungsfehler in einem Feuerwehr-Lehrbuch von Justus Feuerlein aus dem Jahre 1888. Feuerlein, der Teile seines Werkes aus der „Encyclopédie française d'armée pompiers" übernahm, gab diesen Begriff mit „Armee-Feuerwehr" statt „arme Feuerwehr" wieder, was sich auf die schlechte Besoldung der Feuerwehr im 19. Jahrhundert bezog.

Atem|schutz|mas|ke, die
Notwendiges Ausrüstungsgerät bei dicker Luft auf Kreisverbands-Vorstandssitzungen. Das Tragen einer Atemschutzmaske fällt nicht unter das Vermummungsverbot!

aus|pum|pen
Auch das Auspumpen fällt in den vielfältigen Aufgabenbereich einer leistungsfähigen Wehr. Sieht man einmal vom Magen-Auspumpen ab, werden alle sonstigen Arten des Auspumpens umgehend ausgeführt – auch das Anpumpen von Kollegen.

Aus|rüs|tung, per|sön|li|che, die
Laut Dienstverordnung vom 3.8.1921: sauberes Taschentuch, Bindfaden (mind. 1 m Länge), Kamm, Nagelschere, Geldbörse, Zahnstocher, Zündhölzer, Feuerwehrhandbuch, Kondom, Piepser *(siehe Seite 51)*, frische Socken, Wattestäbchen, Taschenmesser, Sonnenbrille und Regenschirm. Weitere Ausrüstungsgegenstände obliegen der freien Wahl des jeweiligen Feuerwehrlers.

B

Bad Wö|ris|ho|fen
Kurort in Bayern. Wegen seiner Wasserkuren beliebtes Heilbad für Feuerwehrleute, die hier ihre Brandblasen und Brandverletzungen (z.B. Sonnenbrand) mit Wassertreten behandeln. Von der VFOK (=Vereinigte Feuerwehr-Ortskrankenkasse) empfohlen.

Echte Feuerquallen! Damit wird das Wasser-treten zum brennenden Erlebnis!
WASSER-KUREN FÜR FEUERWEHR-LEUTE
RABE

Ihr Einsatz ist lobenswert, aber über den richtigen Brandherd müssten wir nochmal sprechen!
GRILL-KOHLE
RABE

Be|leuch|tungs|ge|rä|te, die
Kommen zum Einsatz, wenn die natürliche Leuchtkraft des zu bekämpfenden Feuers infolge der Löscharbeiten nachgelassen hat.

Ber|ge|tuch, das
Wollener Schal der Sennerfeuerwehr.

Bö|o|ti|sche Ma|schi|ne, die
Neben Brandpfeilen kannten die Militaristen der Frühzeit bereits die böotische Maschine: eine Art antiker Flammenwerfer, der mit Hilfe eines Blasebalgs funktionierte. Die böotische Maschine gilt als Vorläufer des modernen Einwegfeuerzeugs.

Brand, der
1. Umgangssprachlich für morgendlichen Durst nach Feuerwehr-Vorstandssitzungen.
2. Chemische Reaktion. Verbindung eines Stoffes mit Sauerstoff unter Wärmeentwicklung, vielfach auch Flammenbildung. Existenzberechtigung der Feuerwehr.

Brand|herd, der
Neben Gasherden, Elektroherden, Kohleherden, Umluftherden, Schafherden und Dampfherden nutzt die Feuerwehr auch Brandherde.

Brand|pro|to|koll, das
Der den Löschangriff koordinierende Einsatzleiter hat die Aufgabe, über den Verlauf des Brandes und der Löscharbeiten genauestens Buch zu führen. Das Ergebnis dieser Brand-Buchhaltung bezeichnet man üblicherweise als Brandprotokoll. Die Dienstvorschriften sehen hierfür einen Füllfederhalter, holzfreies weißes Papier und eine leserliche Handschrift vor. Bei besonders hektisch verlaufenden Löscharbeiten empfiehlt es sich, das Brandprotokoll zu Hause ins Reine zu schreiben.

Brand|ver|hü|tungs|schau, die
Aufklärungsveranstaltung der Feuerwehren mit Vorführung diverser Verhütungsmittel. Schaulustige erwünscht!

Bren|ner, der
1. Angestellter einer Branntweinbrennerei, der mit Hilfe eines Brandes in der Branntweinbrennerei Weinbrände und Branntwein brennt.
2. Alpenpass zwischen Österreich und Italien. Hier befindet sich auch der Brenner-See, der wohl bekannteste Löschwasserteich der Welt. Sowohl von der österreichischen Landesfeuerwehr in Gschnitz als auch von den Pompieri aus Vipiteno/Sterzing (Norditalien/Südtirol) nur schwer zu erreichen – besonders im Winter und bei Streiks.
3. Gerät zur Verbrennung fossiler Brennstoffe (Gas/Öl) in Heizungsanlagen.

Brenn|sup|pe, die
1. Die Feuerwehr kommt im Regelfall nicht auf selbiger dahergeschwommen, sondern reist mit einem ganzen Konvoi von Einsatzfahrzeugen an.
2. Man nehme die erforderlichen Mengen Mehl, Fett, Zwiebel, Fleischbrühe, Sahne, Ei und reichlich gehackte Petersilie und erhalte die wohlschmeckende Brennsuppe. Guten Appetit!

Brenn|wert, der
Bei Bränden in Lebensmittellagern oder -konzernen wird der Brennwert des Feuers in Kilo-Joule (=KJ) bzw. Kilokalorien (=Kcal) gemessen.

C

Can|de|la, die
Basiseinheit für die Basisgröße „Lichtstärke“ eines Feuers. Messeinheit „Candelaber“ (1 Candelaber = 1 cd, 2 Candelaber = 2 cd etc.). Nicht zu verwechseln mit CD (Compact Disc), die nicht für die Licht-, sondern für die Lautstärke verantwortlich ist.

Christ|baum, bren|nen|de(r), der
Häufig unfreiwillig verbreitete, hybride Abart der Blautanne oder Nordischen Fichte. Um den brennenden Christbaum versammeln sich in der Weihnachtszeit hauptsächlich Feuerwehrleute, das Anzünden besorgen in der Regel die Besitzer der Christbäume selbst. Da die ausgetrockneten Bäume bei der geringen Luftfeuchtigkeit in den Wohnstuben explosionsartig *(siehe Seite 15: Explosimeter)* Feuer fangen, kommt es vor, dass die Christbäume sehr schnell abgebrannt, die Teppiche angesengt, die Gardinen geschmolzen, die Schrankwände verkokelt und die Wohnungen rußgeschwärzt sind.

Glauben Sie nun,
dass der Hydrant nicht
ganz dicht ist!?
RABE

D

De|cken|brand, der
Gefürchtete Brandart an Badestränden, die gemeinhin durch zu starke Sonneneinwirkung auf die als Unterlage benutzten Decken entsteht. Als Hauptursache wird in vielen Brandprotokollen *(siehe Seite 9)* eine leichtfertige Aufsichtspflichtverletzung der Deckeninhaber oder die unsachgemäße Verwendung leicht entzündlicher Sonnenöle genannt.

Deut|sche(r) Feu|er|wehr-Ver|band, der
Im deutschen Sprachraum gebräuchlichste Art der Wundversorgung verletzter Feuerwehrmänner.

Dicht|heits|prü|fung, die
1. Methode zur Überprüfung des Geisteszustandes von Personen, die bereits zum dritten Mal einen falschen Alarm ausgelöst haben.
2. Methode zur Überprüfung der Funktionstüchtigkeit von Feuerlösch-Kreiselpumpen.

E

Ei|er|koh|le, die
Bei der Eierkohle handelt es sich um einen wertvollen fossilen Brennstoff. Wie der Holzköhler bei der Herstellung von Holzkohle einen Meiler aufschichtet und durch gleichmäßiges Abbrennen und Auskühlen Holzkohle erzeugt, so wird auch die Eierkohle gewonnen – nur mit dem Unterschied, dass der Eierköhler Eier verwendet. Der Fachhandel führt Eierkohle in den Güteklassen 1 bis 5. Der Aufdruck des Brand-Legedatums ist jedoch nicht unbedingt erforderlich. Als Tariflohn erhält der Eierköhler seine Kohle in Form von Piepen, Kröten, Moos, Zaster, Mäusen oder als Eier, wovon er sich zumeist Eierlikör kauft.

Ein|bin|den, das (von Schläuchen)
Einwickeln von Schlauchstücken in bedrucktes Seidenpapier zu Geschenkzwecken (beliebtes Präsent bei Dienstjubiläen von freiwilligen Feuerwehrleuten).

Ein|satz|lei|ter, der
Bei der Feuerwehr kommen verschiedenartigste Leiterformen zum Einsatz: Drehleiter, Himmelsleiter, Karriereleiter, Steckleiter, Strom- und Wärmeleiter, Räuberleiter, Schiebe- und Jakobsleiter und nicht zuletzt die Hühnerleiter.

Ein|stell|sprit|ze, die
Obligatorische Schutzimpfung für alle neu eingestellten Berufsfeuerwehrleute.

Ein|weg|at|mung, die
Falsches Atemverhalten bei Panik: Es wird lediglich ausgeatmet, bis der Tod durch Ersticken eintritt.

Ein|weg|schutz|an|zug, der
Von der Gesellschaft der Feuerwehr-Frauen (GFF) seit langem geforderte Dienstkleidung, die das oftmals als lästig empfundene Waschen der extrem rußverschmutzten Mehrweguniformen überflüssig machen würde. Bisher konnte die GFF allerdings lediglich durchsetzen, dass die Uniformen mittels Löschschaum in den Tankbehältern der Löschzüge vor- und hauptgewaschen und in der Feuerlösch-Kreiselpumpe trocken geschleudert werden. Das Waschergebnis, das die Männer mit dieser Methode erzielten, ist lt. GFF allerdings mehr als unzureichend, sodass auch weiterhin ein Nachwaschgang in der häuslichen Waschmaschine erforderlich ist. Anmerkung: Weibliche Feuerwehrler dürfen nicht nur zu Hause nachwaschen, sondern sogar schon beim Verschmutzen dabei sein.

Ent|lüf|tungs|ein|rich|tung, die

1. Spezialventil. Soll beim Magendruck des Feuerwehrpersonals einen ungetrübten Einsatz gewährleisten und den Löschvorgang optimieren.
2. Da die Saugschläuche vor Befüllung mit Wasser von der vorhandenen Luft entleert werden müssen, die Feuerlösch-Kreiselpumpen jedoch bei Beginn des Pumpens keinen Unterdruck in Pumpe und Saugschlauch erzeugen können (also nicht selbst Wasser aus dem Löschteich ansaugen können), die Lungen der Feuerwehrleute aber für einen Ansaugvorgang dieser Größenordnung nicht ausgelegt sind, benötigt man eine Entlüftungseinrichtung. Um in Privathaushalten abgestandene Luft oder üble Küchengerüche aus den Wohnräumen abzusaugen und das Ansaugen von Frischluft zu gewährleisten, genügt es, von Zeit zu Zeit ein Fenster zu öffnen.

Er|folgs|kon|trol|le, die

Um ein reibungsloses Abbrennen zu garantieren, sollten von Zeit zu Zeit Erfolgskontrollen durchgeführt werden. Im Notfall hilft kräftiges Nachschüren.

Ex|plo|si|me|ter, das

Dem Meterstab verwandtes Messgerät aus Holz, Kunststoff oder Metall (seltener auch aus Keramik), mit dessen Hilfe die Intensität einer Explosion gemessen werden kann. Je nach Art der Explosion werden problemlos aufsteckbare Zusatzgeräte benutzt (beispielsweise Dynamit-Explosimeter oder Nitroglyzerin-Explosimeter).

Fahrt|ziel, das
Der angesichts eines verheerenden Brandes panisch gewordene Laie vergisst bei der Meldung häufig, der zuständigen Feuerwache den genauen Ort und die Lage des Brandes anzugeben. Diese Nachlässigkeit führt meist dazu, dass das Fahrtziel verfehlt wird. Zu Unrecht wird in diesen Fällen die Verantwortung dem redlich bemühten Löschzugführer angelastet.

Fe|ge|feu|er, das
Fegefeuer sind mit speziellen feuerfesten Eisenbesen wegkehrbare Kleinfeuer.

Feu|er|bach, der
1. Ludwig, 1804–1872, deutscher Religionsphilosoph.
2. Brauchwasserablaufrinne von Chemiefabriken.

Feu|er|be|stat|tung, die
1. Nach geglückter, restloser und rückstandsfreier Feuerlöschung protokolliert der Truppführer: Die Feuerbestattung ist vollzogen.
2. In den frühzeitlichen primitiven Kulturen des oberrheinischen Schiefen Gebirges wurde nach einer heimtückischen Feuersbrunst zur Besänftigung des Feuergottes Pyrofex Taximus stets dessen Götzenbild in einem heidnischen Ritual zu Grabe getragen und symbolisch bestattet.

Feu|er|dorn, der
1. Lateinisch: *Pyracantha*. Beliebter stacheliger Zierstrauch aus der Familie der Rosengewächse mit roten, ungenießbaren Fruchtständen, die ausschließlich in Haus- und Schrebergärten, vorzugsweise auf Balkonen von Feuerwehrleuten, anzutreffen sind.
2. Spezialwerkzeug zur adäquaten Bekämpfung von Stichflammen.

Es brennt hier, kommen Sie !!!
RABE

FEUERLAND
JETZT BUCHEN
MIT
QUALIFIZIERTER
REISELEITUNG
REISEBÜRO
RABE

 Feuerland

Feu|er|land, das
Laut Auskunft der Touristikbranche derzeit beliebtestes Urlaubsziel von freiwilligen und hauptberuflichen Feuerwehrleuten. Besonders gefragt: All inclusive (Vollversorgung mit Streichhölzern, Feuerzeugen und Brandbeschleunigern). Wird auch gerne als Trainingslager für Berufsanfänger gebucht.

Feu|er|lösch|ge|rä|te, fahr|ba|re(n), die
Zur Ergänzung tragbarer Feuerlöscher dienen in Betrieben, Kaufhäusern und Legebatterien Feuerlöscher auf Rädern. Sie werden entweder von Hand oder von Zugmaschinen gezogen. Nicht selten werden fahrbare Feuerlöschgeräte auch für Privatfahrten genutzt, weshalb in neueren Modellen zur Vermeidung solchen Missbrauchs Fahrtenschreiber eingebaut sind.

Feu|er|schiff, das
1. Feuerschiffe sind in der Nähe ausgedehnter Untiefen und vor Flussmündungen verankerte, rot bemalte Schiffe mit Leuchtfeuern von höchster Leuchtkraft (mindestens 100 Candelaber; *siehe Seite 10: Candela*). Sie dienen der Beleuchtung von Küstenabschnitten und Halligen ohne ausreichende Elektrifizierung.
2. Als Feuerschiffe bezeichnet man auch seetüchtige Not-Container zur Aufbewahrung von Feuern.

Feu|ers|not, die
Umgangssprachlich für Defizit an Bränden (eigentlich „Feuernot“). Ursache für die Arbeitslosigkeit von Feuerwehrleuten.

Feu|er|stein, der

1. Auch Flint. Hartes Quarzgestein aus der Kreidezeit. Aus diesem Material wurden die meisten prähistorischen Waffen und Geräte gefertigt. Gilt außerdem als Vorläufer des modernen Funkgerätes (= Gerät zur Funkenerzeugung zwecks Brandlegung).
2. Fred. Bekannteste Comic-Figur der Steinzeit. Einziger überlieferter Ausruf: „Wilmaaaa!"

Feu|er|wehr, die

Vereinigung feuriger Frauen und Männer, die Tag und Nacht im Einsatz sind. Unter Zuhilfenahme jeglicher Substanzen allzeit bereit, ihre eigene Existenzberechtigung zunichte zu machen. Motto: Retten, Löschen, Bergen, Schützen.

Feu|er|wehr|plan, der

Legt Anzahl, Art und Ausmaß der vorgeschriebenen Jahresbrände fest.

Feu|er|weib, das

In der Jungsteinzeit war das Feuer ein unschätzbares Gut; darüber hinaus unbezahlbar, zumal das Zahlungsmittel Geld noch gar nicht existierte. War es dem wackeren Steinzeitjäger *Australo Flipicus* mit seinen primitiven Mitteln *(siehe links oben: Feuerstein)* endlich gelungen, ein Feuer zu entfachen, musste er dieses hüten und bewachen wie seinen Augapfel. Da er jedoch tagsüber zur Arbeit, sprich Mammut-Jagd musste, nahm er sich zu diesem Zweck ein Weib und nannte es Feuerweib. Und so achten seit etwa 130 000 Jahren die Feuerweiber darauf, dass ihr Feuer niemals erlischt. Nicht zu verwechseln sind sie mit Feuerhexen, feurigen Frauen und Feuerwehr-Frauen.

Feu|er|werks|mu|sik, die

Oft gespielte Komposition des berühmten Londoner Feuerwehrblaskapellen-Dirigenten Georg Friedrich Händel.

RABE

Hilfe!
RABE

Fire Ri|ders, die
Kavallerie-Einheit der Wyominger Berufsfeuerwehr „Yellowstone Park Fire Company of Wyoming State" (YPFCWS), die auf besonders feurigen Haflinger-Hengsten reitet. Diese spezielle Haflinger-Gattung wird eigens für die Fire Riders auf den Passhöhen der Dolomiten gezüchtet und auf ihren Einsatz im Kampf gegen Prärie- und Hochplateau-Feuer in den unendlichen Weiten des Yellowstone Parks vorbe„reitet". Die fertig ausgebildeteten Jungtiere werden von Delta Airlines kostenfrei in die Staaten befördert.

Fire|wall, die
Von Sir Walter Fireman erfundene Einrichtung zum Schutz der feuerwehreigenen Computeranlagen vor unberechtigten Surfern. Von einer Installation im eigenen Heim sollte man besser absehen, da dies regelmäßige Löscharbeiten erfordern würde.

First Re|spon|der, der
Englisch für „Erst-Antworter". Sind vor allem bei Land-Feuerwehren zu finden. Sollen nicht etwa als Erste zum Telefon/Handy rennen, sondern vielmehr im Notfall richtige erste Hilfe leisten.

Fi|scher-Rie|gel, der
Fischer-Riegel sind keine der neuartigen Müsli-Riegel mit Fischgeschmack, sondern eine Vorrichtung, die offen stehende rauchdichte Feuerschutztüren beim Überschreiten einer bestimmten Temperatur mittels Thermoauslösung selbsttätig schließt. In besonders strengen Wintern sollten die Türen per Hand geschlossen werden.

Flach|spie|gel|brun|nen, der
Löschwasserbrunnen, dessen Inhalt in Litern (Tiefe mal Volumen) mittels eines flachen Spiegels und einer Flachspiegelbrunnen-Umrechnungstabelle regelmäßig kontrolliert wird. Bei Tiefspiegelbrunnen gilt zwar dieselbe Umrechnungstabelle, allerdings ist hier ein Konkav-Spiegel vonnöten.

Flam|me, die
Der Begriff Flamme ist in der Theorie schwer zu fassen. Deshalb sei hier zur Verdeutlichung ein einfaches Beispiel angeführt: Wenn der schwäbische Schlauchaufwickler Arthur Schleuchle auf die schüchterne Josepha Füssing ein Auge geworfen hat, die im Auftrag des Allgäuer Regional-Feuerwehrverbandes Fortbildungskurse im Fach „Maschinen- und Kurzschrift" für Fortgeschrittene abhält, er sich ihr auch schon etwas genähert, ja sie sogar schon auf eine heiße Schokolade eingeladen hat (was Josepha nicht ablehnte), es also zwischen ihnen gefunkt hat, Schleuchle folglich nach der dritten Tasse vollends in Liebe zu der schönen Füssenerin entbrannt ist – so ist sie seine Flamme.

Flamm|punkt, der
Satzzeichen in den Dienstvorschriften der Feuerwehr. Neben dem Flammpunkt existiert auch der Flammstrichpunkt und der Flammdoppelpunkt.

Flo|ri|an, Hei|li|ger Sankt
Schutzpatron der neuzeitlichen Feuerwehr. Bekanntestes Stoßgebet: „Heiliger Sankt Florian, schütz unser Haus, zünd andre an." Im Zuge der Emanzipation ist dem Florian die heilige Sankta Florentine zur Seite gestellt worden.

RABE

 Flüssigkeitsring

Flüs|sig|keits|ring, der

1. Durch den Flüssigkeitsring wird in Flüssigkeitsring-Entlüftungspumpen, die der Entlüftung von Feuerlösch-Kreiselpumpen dienen, die Abdichtung zwischen Gehäuse und Kreiselrad erreicht, und es werden Kammern zwischen zwei aufeinander folgenden Schaufeln gebildet. Diese Art der Entlüftungseinrichtung nennt man auch „Nassansaugen" oder „Nasse Entlüftung".
2. Spezielle Flüssigkeitsringe finden im Feuerwehrwesen Verwendung seit der Erfindung des wasserdichten PVCs. Unter diesem Begriff versteht der versierte Feuerwehrler einen mit Wasser gefüllten, um den Bauch getragenen Schwimmreifen (Leibring) zur automatischen Löschung und Rettung des den Flüssigkeitsring tragenden Feuerwehrmannes. Bei Überschreitung einer bestimmten Schwellen-Temperatur erreicht das Spezial-PVC seinen Schmelzpunkt, was zur Selbstauflösung führt. Das Löschwasser kann nun ungehindert austreten und den Körper hinunterrinnen. Flüssigkeitsringe sind allerdings nur bei Bodenfeuern praktikabel, die die durchschnittliche Hüfthöhe (1,13 Meter) nicht überschreiten. Nach den Vorschriften der Feuerwehr-DIN-Norm sind Flüssigkeitsringe im Fachhandel für Berufskleidung in folgenden Größen erhältlich: S (small=schlank), M (medium= mittel bis mollig) und L (large=leibesfüllig).

Frei|wil|li|ge Feu|er|wehr, die
Abgekürzt FF. Von Pfarrer Sebastian Kneipp entwickelte Wasserkur zur freiwilligen Selbsttherapie von Pyromanen *(siehe Seite 6: Bad Wörishofen)*.

Fremd|ent|zün|dung, die
Eine Fremdentzündung liegt dann vor, wenn der Brand von nicht unmittelbar der Feuerwehr zuzurechnenden Personen initialgezündet wurde. Nichtsdestotrotz muss die Feuerwehr zum Löschangriff ausrücken!

Freu|den|feu|er, das
Ein alter Brauch aus grauer Vorzeit ist es, ein großes Lagerfeuer zu entzünden, um einen freudigen Anlass durch den Lichtschein meilenweit allen umwohnenden Sippen und Stämmen kundzutun. Auch heutzutage werden Freudenfeuer noch von den Feuerwehren entzündet, wenn ein zu bekämpfendes, weniger freudiges Feuer glücklich gelöscht werden konnte. Bei der Entzündung eines Freudenfeuers wird genau auf die Einhaltung der feuerpolizeilichen Vorschriften geachtet. Eine Erlaubnis muss hierfür nicht eigens eingeholt werden, da die beantragende, genehmigende und ausführende Stelle des Freudenfeuers identisch ist.

G

Ge|ne|ra|tor, der
Vollautomatisches Messgerät zur Zählung der Familiengenerationen, die ununterbrochen passive oder aktive Mitglieder der freiwilligen Feuerwehr stellten. Die ältesten Messwerte gehen bis in die Zeit des großen Brandes von Konstantinopel zurück.

Glimm|stän|gel, der
Ein brennender Glimmstängel kann im Bett leicht zum lebensgefährlichen Federbrand führen. Brandtechnisch gesehen ist ein Glimmstängel in der Badewanne hingegen völlig unbedenklich, weshalb die Feuerwehr empfiehlt, nur in der Badewanne zu rauchen.

Gril|len, das
Für Feuerwehrangehörige gestaltet sich das Grillen wesentlich unkomplizierter als für den Rest der Bevölkerung: Sie bringen nämlich einfach das stets bereit gehaltene Grillgut samt Grillgästen und Gartenstühlen zum nächsten Einsatz mit, wo sie dann das problemlose Garen der Esswaren vornehmen können.

 Handlautsprecher

Gul|li|ver, der
Löschte im feuerwehrtechnisch rückständigen Lande Liliput einen Großbrand durch geschicktes Entleeren seiner Blase. Traum aller Feuerwehrleute.

H

Hahn, rote(r), der
Bis zur Erfindung moderner Brandmeldesysteme war es üblich, in jedem Haus einen abgerichteten rot gefiederten Hahn zu halten. Wenn man einen Brand bemerkte, nahm man seinen Hahn und warf ihn zum Fenster hinaus, woraufhin dieser aufs Dach flatterte und von dort aus lauthals die Feuerwehr herbeikrähte. Man konnte also von der Feuerwehr nicht behaupten, dass kein Hahn nach ihr krähte.

Hand|laut|spre|cher, der
Die vor dem Mund zu einem Trichter geformten hohlen Hände erhöhen die Phonstärke des Kommandierenden um ein Vielfaches.

heiß sa|nie|ren
Sanierungsmethode für in Konkurs geratene Gewerbetreibende und bauernschlaue Landwirte, wobei die Feuerwehr grundsätzlich zu spät kommt und die Brandversicherung hohe Summen zahlen muss.

Heiz|öl|fer|ra|ri, der
Kosewort der freiwilligen Feuerwehr für die mit Dieselkraftstoff betriebenen Einsatzfahrzeuge.

Helm, der
1. Kopfschutz der Feuerwehrmänner.
2. Bei Ausfall des Pumpgenerators wird der mit Wasser gefüllte Helm von Hand zu Hand bis zum Brandherd weitergereicht und dort mit Schwung entleert (= Pumpgeneratorausfallhelmlöschwasserkette).
3. Not-Nachttopf für dringende Fälle.

Her|zens|glut, die
Erhitzung des menschlichen Gemüts bei Liebe (Gegensatz: Weißglut; *siehe Seite 77*). Die einzige feuerwehrtechnische Löschmethode besteht in der Verheiratung der in Herzensglut füreinander Entflammten.

Heu|son|de, die
1. Während der Gärungszeit kann bei Heustöcken eine so starke Überhitzung auftreten, dass sich das Heu selbst entzündet. Es empfiehlt sich daher, den Heuhaufen permanent zu überwachen. Weil hierfür die normale Sehkraft und Konstitution der Heubauern nicht ausreichen, werden üblicherweise Heusonden benutzt. Sie ermöglichen eine unkomplizierte Temperaturkontrolle.
2. Satellit, der zu Forschungszwecken den Planeten Heu umkreist. 1992 im Auftrag der NAFA (= National Anti Fire Association) in die Umlaufbahn gebracht.

Hit|ze|frei, das
Da die Konzentrationsfähigkeit des Menschen bei hohen Temperaturen eklatant nachlässt, ist es üblich, an den Schulen Hitzefrei zu geben. Allgemein gilt die Regelung, dass Schüler und Lehrkörper nach Hause geschickt werden, wenn um 10 Uhr 25 °C überschritten werden. Ähnliches gilt nicht für Feuerwehrleute, obwohl bei Bränden das Thermometer oft schon vor 10 Uhr 25 °C übersteigt.

Hit|ze|schutz|klei|dung, die
Zum Schutz gegen Hitzestrahlung empfehlen die Wehren neben
a) einer Kopfschutzhaube mit Hitzehandschuhen,
b) einem Hitzeschutzanzug (bestehend aus einer Jacke mit Kopfhaube, ausknöpfbarem Helm, Hose und Hitzeschutzstiefeln in Verbindung mit umluftunabhängigem Atemschutz) auch
c) Topflappen mit ausknöpfbarer Häkelborte.

Hitzeschutzkleidung

Jungs, wer von euch Schwachköpfen hat 'nen Löschzug bestellt!?
HÖLLE
RABE

Hoch|brenn|ba|re(n) Stof|fe, die
Zu den sogenannten hochbrennbaren Stoffen zählen ausschließlich Kerosin, Holzwolle, Polyamid-Bekleidung, Benzin, Heu *(siehe Seite 32: Heusonde, 1.)*, Zigarren, Spiritus, Kamelmist, Rum, Herzen, Propangas, Steuerbescheide, Brennnesseln, Tabasco, Nitroverdünnung, verschuldete Bauernhöfe *(siehe Seite 31: heiß sanieren)*, Esbit, Diskussionen und Belastungsmaterial. Andere als die oben genannten Stoffe sind als hochbrennbar offiziell nicht zugelassen.

Hoch|druck|schlauch, der
Arterie eines unter Bluthochdruck (Hypertonie) leidenden Feuerwehrmannes bzw. einer unter selbigem Symptom leidenden Feuerwehrfrau. Wird in der Regel durch Aderlass auf Normaldruck gebracht (Normdruckschlauch).

Höl|len|feu|er, das
Im Keller des Himmels untergebrachtes Heizkraftwerk, welches langfristig störungsfrei und ohne umweltschädigenden Emissionsausstoß betrieben wird.

Hy|drant, der
1. Als Wasseranschluss für Löscharbeiten der Feuerwehren unverzichtbar. Meist in Unweite beliebter Parkplätze.
2. Neben den Wasserhydranten existieren auch Kohlenhydranten, die vor allem im Zusammenhang mit Diäten von Bedeutung sind. Fälschlicherweise werden diese oft auch als Kohlenhydrate bezeichnet.

I

In|nen|an|griff, der
Meist durch den Verzehr von Peperoni verursachte Großfeuer in der Magengegend.

In|ter|na|ti|o|na|le(r) Feu|er|wehr|wett|kampf, der
Auch als Florians-Olympiade bekannt. Bei diesem Wettkampf wird von den Vertretungen der einzelnen Nationen zunächst ein klassischer Löschangriff auf Zeit durchgeführt, bei dem die jeweiligen Gruppen ihr fachliches Können unter Beweis stellen sollen. Wegen der Chancengleichheit müssen dabei die Fahrzeuge und Geräte des jeweiligen Gastlandes benutzt werden. Danach folgt ein Stafettenlauf, bei dem nach altem Brauch Feuerwehrstahlrohre als Stab übergeben werden. Als begehrte Trophäen winken den glücklichen Gewinnern Miniatur-Hydranten in Gold, Silber und Bronze.

J

Jod|ler, der
Brandmeldetechnik der Almfeuerwehr.

Ju|li, der
Trockenheitsbedingte Hochsaison für die Feuerwehr. Geht meist einher mit einem sprunghaften Ansteigen der Aktien der Floriani AG. Von den Börsianern als jährliche „Feuer-Hausse" gefürchtet.

Ju|te, die
Der Stoff, aus dem die Schläuche waren.

Für den Gast von Tisch fünf zukünftig etwas weniger Peperoni auf die Pizza!

Unsere Katze ist aus dem Wäschetrockner, aber wo zum Teufel steckt der hilfsbereite Oberbrandmeister!?
RABE

K

Ka|bel|trom|mel, die
Provisorisches Alarmgerät. Mittels eines isolierten Schraubenziehers wird auf ein dreiadriges Erdkabel im Dreivierteltakt und nach dem gültigen Morsealphabet eingedroschen. Diese Kabeltrommel-Signale werden von den Abhöranlagen der Feuerwehr (die nicht dem Datenschutz unterliegen) aufgefangen, decodiert und als Alarmmeldung transformiert.

Kel|ler|brand, der
Von Hobbybrennern im heimischen Weinkeller hergestellter Branntwein. Kann auch zum Löschen benutzt werden – allerdings nur von Bränden, die durch erhöhten Konsum des besagten Kellerbrands entstanden sind.

Klein|tie|re, die
Hamster, Kaninchen, Tanzmäuse, Kanarienvögel etc. Beliebte Rettungsobjekte für den tierliebenden Feuerwehrler, der, mit besonderen Instinkten ausgestattet, die Kleintiere in Wäschetrocknern, Abflüssen, Dachrinnen, Kaffeeautomaten und ähnlich artgerechten Nistplätzen aufzuspüren weiß.

Kör|per|tem|pe|ra|tur, die
Die durchschnittliche Körpertemperatur des Menschen beträgt 37,0 °C. Bei darüber liegenden Werten spricht man gemeinhin von Fieber, ab 42,0 °C von Exitus. Selbst bei noch so hitzeextremen Einsätzen sollte daher darauf geachtet werden, dass die Körpertemperatur des Personals 42,0 °C nicht übersteigt. Zur ständigen Kontrolle dient das computergesteuerte Zundermeter *(siehe auch Seite 79: Zunder)*.

Lauf|feu|er, das
Wie ein Lauffeuer verbreitet sich nicht selten die Nachricht, dass die Nachbarin eine neue Frisur, ein neues Kleid oder gar einen neuen Mann hat. Gegen diese Art Feuer ist die Feuerwehr bislang noch machtlos.

Lei|ter|wa|gen, der
Vorsintflutliches Löschfahrzeug mit einem Löschwasserfassungsvermögen von maximal drei Eimern (à 10 Liter). Wird vom Leiterwagen-Löschzug-Lenker per Handdeichsel und Muskelkraft fortbewegt.

Lei|tungs|trom|mel, die
Kommunikationsgerät, mit dessen Hilfe der Einsatzleiter mechanisch erzeugte Rhythmen als akustische Kommandosignale an die die Löscharbeiten versehenden Feuerwehrleute übermittelt.

Lenz|pum|pe, die
Eigentlich Lenz-Kreiselpumpe. Im sogenannten Lenzeinsatz findet sie Verwendung zur Förderung von Wasser. Die Lenzpumpe wird nur im Frühling eingesetzt. Für die übrigen Jahreszeiten verfügt die Feuerwehr über Sommer-, Herbst- und Winterpumpen.

Lie|bes|feu|er, das
Begehrte Brandart. Wird von der Feuerwehr begeistert gelöscht, z. B. durch die Zumischung von Löschmitteln wie Streicheln, Küssen, Schmusen, Kosen, Süßholz raspeln etc. – ad lib. (= *ad libido*).

lo|dern
„Lodern zum Himmel seh ich die Flamme“, singt nicht nur Manrico in seiner berühmten Stretta-Arie im dritten Akt des „Troubador“ von Giuseppe Verdi, sondern ruft auch häufig der Feuerwehr-Einsatzleiter in seinem berüchtigten Kommando-Tonfall (1. Bass) im Führerhaus des Löschfahrzeugs nach Sichtung des Brandherds.

RABE

 Löschteich

Lösch|blatt, das
Die Bezeichnung ist irreführend. Bei diesem Produkt der Papier verarbeitenden Industrie handelt es sich nämlich trotz seines paradoxen Namens um ein verbotenes Löschmittel: Ein Löschblatt brennt wie Zunder.

Lösch|de|cke, die
Betondecke, in die brandhemmende Baustoffe bereits integriert sind. Der Baustoff für Feuerwachen.

Lö|scher|ty|pen, die
Neben Halonlöschern, Kohlendioxidlöschern, Pulverlöschern, Schaumlöschern und Wasserlöschern existieren auch Löscher des Typs „Schmalbrüstiger Spritzenhalter“, „Starrsinniger Kreisbrandmeister“, „Sportiver Löschzugfahrer“, „Schwächlicher Sprungtuchhalter“, „Jovialer Feuerwehrverbands-Präsident“ und „Wasserscheuer Hydrantenaufdreher“.

Lösch|pul|ver, das
Instant-Pulver, das in Sekundenschnelle dem Löschwasser beigemischt werden kann, um dessen Löschintensität zu erhöhen.

Lösch|teich, der
Sommerfreibad für die Feuerwehr: Kein Nichtschwimmerbecken, keine Schwimmkurse, variable Sprungturmhöhe (richtet sich nach der maximalen Ausfahrbarkeit der jeweils vor Ort vorhandenen Drehleiter), durchschnittliche Wassertemperatur: 19 °C, Beckentiefe: 1,23 Meter. Erfrischungen sind selbst mitzubringen.

Luft|he|ber, der
1. Auch unter der Bezeichnung „Siemens-Lufthaken“ im Feuerwehr-Fachhandel erhältlich.
2. Gerät zur Anhebung der Luftqualität in überheizten Räumen.

M

Mar|tins|horn, das
Zur Zeit der großen Dürre im hessischen Bergland, am späten Vormittag des 14. Mai Anno Domini 1432, weidete der Sauhirt Martin Gabriel Godehart unter sengender Sonne wie üblich die Schweineherde der mittelalterlichen Ansiedlung Krammetsburg. Der wackere Martin Gabriel Godehart wollte gerade im Schatten eines Holunderbuschs einnicken, als ihm brandiger Geruch in die Nase stieg. Plötzlich hellwach, sprang er auf und hielt Ausschau. Er entdeckte eine Rauchfahne hinter dem Hügel, hinter dem er den Heuschober des markgräflichen Bauern Wilhelm Schultheiß wusste. Ungestüm stieß Martin in sein Horn, mit dem er sonst die Säue um sich scharte. Unablässig das Quart-Intervall („Tatü") tutend, rannte er nach Krammetsburg hinein und machte Meldung, sodass der Brand rechtzeitig gelöscht werden konnte: die Geburtsstunde des Martinshorns!

Mas|ken|dicht|prüf|ge|rät, das
Apparatur zur Überprüfung des Dichtheitsgrades von Gurkenschaummasken der Ehegattin.

Maß-Ein|heit, die
Bayerische Flüssigkeitsmessgröße in Krugform (Kurzform: „Maß").

Mel|der|schlei|fe, die
Laut „Internationaler Dienstverordnung" auf Feuerwehrbällen zur Ausgehuniform zu tragender Krawattenersatz.

Mo|ti|va|tion, die
Siehe Seite 5: Arbeitsleine

Müh|len|brand, der
Hervorgerufen durch allzu hitzige Auseinandersetzungen über die Auslegung der Spielregeln eines bekannten Gesellschaftsspiels.

RABE

Wo ist der Kamerad,
der Probleme mit seiner
Mundstückweite hat?
RABE

Mund|schwäm|me, die
Wurden in grauer Vorzeit mit Löschwasser getränkt und in vollgesogenem Zustand in den Mund genommen. Die Mundschwämme fungierten als Rauchfilter, kamen aber bald aus der Mode, da sich Mundpilze und Mundfäule unter den Feuerwehrmännern epidemisch ausbreiteten.

Mund|stück|wei|te, die
Um bei Löscharbeiten mit Stahlrohren die erforderliche Wassermenge pro Minute zu errechnen, genügt es, die Anzahl der verwendeten Rohre und ihre Mundstückweite zu kennen. Es ist darauf zu achten, dass die Mundstückweite dem jeweils im Einsatz befindlichen Feuerwehrpersonal ergonomisch angepasst ist, um bei Ausfall der Feuerlösch-Kreiselpumpen einen provisorischen Mundbetrieb zu ermöglichen.

N

Nach|lösch|ar|bei|ten, die
Umtrunk nach erfolgreicher Brandbekämpfung. Nachlöscharbeiten haben meist morgendliche Brände bei den ausführenden Feuerwehrleuten zur Folge.

Nenn|aus|la|dung, die
Gegenteil: Nenneinladung. Ausladung von Feuerwehrballgästen, bei der die Ausgeladenen namentlich genannt werden.

Nenn|för|der|strom, der
Der Nennförderstrom bei Feuerwehrpumpen ist der festgelegte Volumenstrom, der für die Nennförderleistung der jeweiligen geodätischen Nennsaughöhe entspricht. Der Nennförderstrom wird nicht in Volt, Watt oder Ampere, sondern in Litern pro Minute (l/min.) gemessen.

Nenn|ret|tungs|hö|he, die
Der Begriff der Nennrettungshöhe wurde während eines Vorfalls im Frühsommer des Jahres 1827 geprägt. Der Dinkelsbühler Gerbergeselle Jockel Hutschengräber stürzte beim Auswaschen von Rinderhäuten in einen Brunnenschacht. Die herbeigerufene Feuerwehr rief den in der Tiefe verletzt liegenden Gerber mehrmals an, er solle doch die Höhe des Schachtes nennen, um die zu seiner Rettung nötigen Taue in der entsprechenden Länge zusammenknüpfen zu können. Endlich erwachte Jockel aus seiner Ohnmacht und konnte die Tiefe des Schachtes, also die Rettungshöhe, nennen. Mit einer leichten Kopfwunde konnte der Geborgene schließlich in die Arme der Gerbersgattin sinken. Im modernen Sprachgebrauch wird der Begriff der Nennrettungshöhe auch für das Gegenteil verwendet, d. h. für die maximale Ausfahrlänge einer Drehleiter.

O

Ober-Feu|er|wehr|mann, der
Höherer Dienstgrad, der die Verpflichtung beinhaltet, bei feuerwehrlichen Festivitäten als Kellner zu fungieren. Reagiert auf das Kommando: „Herr Ober, Feuerwasser marsch!"

Öl|sa|ni|mat, der
Mechanischer Ölabscheider. Dient der Feuerwehr zur Trennung von Öl-Wasser-Gemischen. Ist der Ölsanimat nicht gerade im feuerwehrtechnischen Einsatz, nutzen ihn die Feuerwehrfrauen nach dem Duschen anstelle des Frottierhandtuchs, zumal der Ölsanimat nicht nur das Duschwasser absaugt, sondern anschließend auch das pflegende Hautöl – auf Körpertemperatur erwärmt – gleichmäßig einmassiert.

Darf's noch'n Wasser sein?
RABE

LEDER-
SCHLAUCHS
ABENTEUER
RABE

Öl|sper|re, die
1. Sammelbegriff für Methoden zur Verhinderung des Abfließens und Eindringens brennbarer Flüssigkeiten. Die Ölsperre soll Brandgefahr und Kontaminierung vermeiden. Wird nicht angewandt bei der Zubereitung von Salaten der Saison.
2. Boykottmaßnahme der OPEC-Staaten zur Anhebung des Barrel-Preises auf dem Weltmarkt.

Öl|un|fall, der
Beinbruch eines in Öl malenden Sonntagsmalers. Wird nicht mit japanischem Heilpflanzenöl, sondern mit Gips kuriert.

P

Pfand|fla|sche, die
Löschwassergefäß im Mehrwegsystem. Für größere Einsätze auch im praktischen 12er-Kasten erhältlich.

Pflug, der
1. Bäuerliches Ackergerät.
2. Hofkupferschmied aus Jena. Bereits 1809 nietete Pflug Tierhäute mit Kupferbolzen zu ledernen Feuerwehrschläuchen, den sogenannten „genieteten Lederschlangen“, zusammen. Die amerikanische Literaturgeschichte sieht in Pflugs Lederschlauch das Vorbild für James Fenimore Coopers „Lederstrumpf“.

Piep|ser, der
Funkmelder. Von den leidgeplagten Partnern der tapferen Feuerwehrleute auch liebevoll „Interruptus“ genannt, da der Piepser immer wieder daran erinnert, dass die Löschpflichten der Feuerwehr absoluten Vorrang vor allen anderen Pflichten haben.

Pom|pie|ri
1. Italienisierendes Kosewort für Pumper (= Pumpenbediener).
2. Pumpenbediener in pompöser Ausgehuniform.

Po|sei|don, der
Schutzgottheit der Feuerwehr im alten Griechenland.

Pro|me|theus, der
Feuerdieb. Titanenhafter Feind des Poseidon.

Q

Quel|len|steu|er, die
Spezialabgabe an den Fiskus für die Nutzung geheimer Löschbrunnen.

Quell|was|ser, das
Wegen seines hohen Mineralgehalts besonders effizientes Löschwasser: „The Queen of Lösch-Waters".

R

Rauch|fah|ne, die
Ähnlich der Alkoholfahne wird die Rauchfahne bei der Gefahr übermäßiger Giftstoff-Inhalation gehisst.

Rauch|mel|der, der
Militanter Nichtraucher, der seine heimlich am Arbeitsplatz Nikotin inhalierenden Kollegen beim Werkschutz verpfeift.

Rauch|mel|der, op|ti|sche(r), der
1. Transformator zur Übersetzung indianischer Rauchzeichen. Findet hauptsächlich Anwendung bei den Texas Ranger Fire Riders.
2. Marathonlauf-erprobter Feuerwehrmann mit hochauflösendem Sehvermögen.

Rauch|ver|gif|tung, die
Nicht immer ist die Feuerwehr überlastet – im Gegenteil! Oft warten viele Diensthabende stunden- und tagelang vergeblich und harren auf ihren Einsatz. Aufgrund dessen kann es bei hohem Zigarettenkonsum und schier endlosem Bereitschaftsdienst leicht zu einer Rauchvergiftung kommen. Außerhalb der Feuerwachen werden Rauchvergiftungen nur selten diagnostiziert. Zur Vermeidung einer Rauchvergiftung sollte vorsorglich die Rauchfahne *(siehe gegenüberliegende Seite)* gehisst werden.

Rauch|zei|chen, die
IBM-kompatibles Telekommunikationssystem der SIOUX (Southern Iowa Organization of Unites Xanotypographycommunication).

Re|gen, der
Bezeichnung für flüssigen Niederschlag, dessen Tröpfchen größer als 0,5 mm sind. Die Fallgeschwindigkeit beträgt je nach Größe 1 bis 8 m/sec. Regenwasser wird von religiösen Wehren als himmlische, gottgesandte Hilfsmaßnahme zur Unterstützung der irdischen Löscharbeiten gepriesen.

Re|ge|ne|ra|tions|pa|tro|ne, die
1. Teil des Atemschutzgerätes, welches aus der Atemluft Kohlendioxid und Wasserdampf absorbiert und in den Atembeutel ableitet.
2. Finanzkräftige Personen (zumeist Herren), die – beispielsweise nach dem wirtschaftlichen Bankrott eines freiwilligen Ortsfeuerwehr-Verbandes – als großherzige Mäzene die Ortsvereine sanieren, regenerieren und neu aufleben lassen. Dafür beanspruchen sie den Status, bei mehreren Bränden, die sich gleichzeitig ereignen, vorrangig versorgt zu werden.

Ret|tungs|säu|le, die
Im Notfall rasch anzubringende unbrennbare Metallsäule, die den Einsturz brennender Gebäude verhindern soll. Für den Laien ist die Rettungssäule nur schwerlich von einer Rauchsäule zu unterscheiden.

Ret|tungs|sche|re, die
Überdimensionale Nagelschere zur Notoperation eingewachsener Fußnägel.

Ret|tungs|tuch, das
Um ein besonders schmuckes Aussehen der Feuerwehrleute zu garantieren, beschäftigt der Deutsche Feuerwehr-Verband etliche Modeschöpfer von Weltrang. Diese Haute-Couture-Schneider verwenden für die Herstellung der Uniformen ausschließlich feinstes englisches Tuch, welches mit einer speziellen unbrennbaren Faser durchwebt ist. Aus diesem Material werden auch die Tücher zur Rettung Verletzter in Patchwork-Heimarbeit genäht. Aus Sparsamkeitsgründen wird hierfür nur der Verschnitt verwendet.

Rohr|de|ckung, die
Im Kampf gegen die Gewalten des Feuers sind die vorpreschenden Löschtruppen zahlreichen Gefahren ausgesetzt. Um Verletzungen und Gefährdungen von Leib und Seele möglichst auszuschließen, geben die mit Strahlrohren bewaffneten Feuerwehrleute ihren Kollegen Rohrdeckung bzw. „Wasserschutz“. Dieser ist dem im Western verbreiteten Feuerschutz nicht unähnlich.

Ich bin Spürhund bei der Polizei! Und du?
Ich bin die neue Rettungsschere bei der Feuerwehr!
RABE

Schau an, Sie sind auch kommandierender Brandmeister!

Rück|zugs|weg, der
Der Rückzugsweg sollte immer frei und jederzeit ungehindert befahrbar sein. Die Anwohner des Rückzugswegs sollten immer dafür Sorge tragen, dass er im Winter gestreut und im Sommer von Bananenschalen befreit ist. Häufig wird der Rückzugsweg allerdings auch durch den Aufmarsch von Schaulustigen *(siehe Seite 58)* samt deren Campingmöbeln versperrt.

Rund|um-Kenn|leuch|te, die
Um in dem tumultartigen Gewimmel emsig löschender Feuerwehrleute den jeweils kommandierenden Brandmeister jederzeit als obersten Befehlshaber zu kennzeichnen und dessen Kommando-Kompetenz zweifelsfrei optisch darzustellen, trägt dieser am Helm einen blinkenden Lichterkranz, die sogenannte Rundum-Kennleuchte.

S

Saug|kupp|lung, die
Verbindungsstück zur Kopplung mehrerer Saugschläuche.

Saug|schlauch, der
Feuerwehrsprachlich für Strohhalm. Biegsame Vorrichtung, mit der Flüssigkeit aus Behältern angesaugt wird. Um den ungehinderten Saugvorgang sicherzustellen, sollte die Öffnung der Flüssigkeitsbehälter, zumeist in Flaschenform, einen um 1 Zoll größeren Durchmesser aufweisen als der Saugschlauch.

Schacht|de|ckel|he|be|ge|schirr, das
Modernes Gerät, das bei Schachtunglücken erheblich die Bergung von Personen erleichtert, die in Abfluss- und ähnlichen Schächten festhängen.

Schaff|hüt|te, die
Hütte zur Unterbringung von Ledereimern, Feuerschaffen und sonstigem Gerät der mittelalterlichen Wehren.

Schau|lus|ti|ge, die
Wichtige Mitarbeiter von freiwilligen und Berufs-Feuerwehren, die dazu dienen, die Löscharbeiten zu behindern. Ohne die Schaulustigen hätten die Feuerwehrleute meist niemanden, der ihnen im Weg steht und durch Besserwisserei auf die Nerven geht.

Schaum, der
1. Normalerweise weit verbreitetes Brandlöschmittel.
2. In Notfällen von Feuerwehrmännern als Rasierschaum zu verwenden.
3. In allergrößten Notfällen von Feuerwehrfrauen als Haarfestiger zu verwenden.

Schaum|mit|tel-Zu|mi|scher, der
Gehobene Position der Feuerwehr-Beamtenlaufbahn. Der Schaummittel-Zumischer muss bei Brandlöscharbeiten blitzschnell dem unbehandelten Löschwasser einen Spezialzusatz, das Schaummittel, zumischen, um die Löscheffizienz zu erhöhen. Die Firma LMZR-AG (= Lösch-Mittel-Zusatzstoff-Raffinerie-Aktien-Gesellschaft) hat vor kurzem eine Schaummittel-Zumischer-Maschine auf den Markt gebracht. Die Schaummittel-Zumischer-Maschine weist äußerlich eine frappierende Ähnlichkeit mit der bekannten Betonmischmaschine auf. Doch gilt hier die Dosierung: 1 Schaufel Schaum auf 6 Schaufeln Wasser.

 Schaumteppich

Schaum|tep|pich, der
Feuersichere Auslegware, FCKW-frei.

Schlauch|brü|cke, die
Um die Beschädigung der hochempfindlichen Wasserschläuche zu vermeiden, werden im unwegsamen Gelände zum Schutz vor scharfkantigen Trümmern, Gesteinsbrocken und Scherben beim Auslegen der Schlauchleitungen diverse abpolsternde Hilfsmittel (Steckleitern, abgetragene Feuerwehrjacken und unbenutzte Taschentücher) eingesetzt. Diese Überführungen werden gemeinhin als Schlauchbrücke bezeichnet. Der informierte Feuerwehrmann versteht unter Schlauchbrücke aber auch die Errichtung behelfsmäßiger Überfahrten über reißende Flüsse mittels eines Geflechts prall gefüllter Schläuche.

Schlauch|hal|ter, der
Damit sich die unter hohem Druck stehenden wassergefüllten Schläuche nicht aufbäumen und ziellos hin- und herschlingern, bedarf es bei schlecht ausgerüsteten Wehren der Mithilfe mindestens eines Feuerwehrmannes. Wehren auf dem neuesten technischen Stand sind jedoch in der Lage, auf solch personalintensive Arbeitsweise zu verzichten. Sie haben stattdessen geeignete Stative in Gebrauch, auf denen sie die Schläuche festzurren. Die Schlauchhalter sind ihrem Aufbau nach dem Stativ des Fotografen verwandt.

Schlauch|has|pel, die
Schlauchdünne Frau mit krankhafter Ratsch- und Klatschsucht. Handelt es sich um eine Feuerwehr-Frau, wird die Schlauchhaspel auch als „Feuerratsche“ bezeichnet. Männliche Vertreter werden „Schlauchhaspler“ bzw. „Feuerratscher“ genannt.

Schlauch|wä|sche, die

1. Oft sind die Einsätze der Feuerwehr schmutz-, staub- und rußintensiv. Darüber hinaus finden häufig mehrere Einsätze kurz hintereinander statt, sodass dem rastlosen Feuerwehrpersonal keine Zeit bleibt, die Mannschaftsbrause in der Feuerwache oder gar die heimische Dusche zu benutzen. Da aber die strenge Einhaltung äußerster Hygiene oberstes Gebot der Wehren ist, müssen Körper- und Kleiderreinigung in kürzester Zeit vorgenommen werden. Zu diesem Zweck werden die Diensthabenden vom Spritzenmeister per Hochdruckschlauch gründlich abgespritzt. Bei der Schlauchwäsche wird Körper- und Kleiderwäsche in einem Aufwasch erledigt.
2. Nach jeder Schlauchwäsche wird der Hochdruckschlauch seinerseits gereinigt und zum Trocknen aufgehängt, was ebenfalls als Schlauchwäsche bezeichnet wird (eigentlich: Waschschlauch-Schlauchwäsche).

Schnaps|bren|ne|rei, die

In Schnapsbrennereien sind oft und gern Löscharbeiten vorzunehmen, sodass die Feuerwehr mit komplettem Einsatzgerät (inklusive Vorstandschaft und Anhang) sogar im Rahmen von Vereinsausflügen anrücken muss. Das Tückische an diesen Löscharbeiten ist allerdings, dass der Laie bei diesen Einsätzen keinerlei Flammen entdecken kann.

Selbst|tä|ti|ge Feu|er|lösch|an|la|ge, die

Siehe auch Seite 64: Sprinkleranlage. Werden alljährlich zu Beginn der Urlaubszeit installiert, um die Brandbekämpfung auch ohne die Präsenz der Feuerwehr sicherzustellen. Selbsttätige Feuerlöschanlagen kommen auch in krankheitsintensiven Jahreszeiten und bei Feuerwehrverbands-Ausflugsfahrten zum Einsatz.

Selbsttätige Feuerlöschanlage

Si|re|ne, die
Wie ihre antiken Vorbilder (vergleiche Homers „Odyssee“) lockt auch die moderne Sirene mit ihrem Gesang wackere Jünger des Feuergotts von überall her. Häufig genug folgt auf den Lockruf der Sirene eine wahre Odyssee von Löschzügen.

Spei|cher|brand, der
1. Allgemein für den Brand von Waren- und Lagerhäusern. Der Begriff Speicherbrand ist seit den legendären Bränden in den Kornspeicherhäusern der Hanse in Hamburg im Umlauf.
2. Von Computerfreaks gefürchtetes Feuer, das häufig zum Absturz der gesamten Hardware und teilweise auch der Software führt.
3. Großfeuer, das für arbeitsextensive Zeiten der Feuerwehr aufbewahrt wird. Zu diesem Zwecke dienen mit feuerfestem Material ausgeschlagene Container, die so genannten „Feuerschober“.

Spreng|meis|ter, der
Diplomierter Gärtner, der in hochherrschaftlichen Parks die Überwachung der fachgerechten Bewässerung des englischen Zierrasens und die kunstvolle Ausbringung des Gießwassers auf die Blumenrabatten innehat.

Sprink|ler|an|la|ge, die
Von der Feuerwehr-Gewerkschaft heftig bekämpfte Rationalisierungsmaßnahme. Bei der Sprinkleranlage handelt es sich um eine selbstständige Löschanlage, die Brände frühzeitig erkennt, meldet und bekämpft. Thermische Sensoren öffnen die Sprinkler, sodass durch die fest verlegten Leitungen Löschwasser austritt. Entwickelt wurde das Gerät von Prof. Dr. Balthasar Sprink-Lerson.

Sprüh|strahl, der
Löschmethode nach dem Gulliver-Prinzip *(siehe Seite 31: Gulliver)*. Findet auch bei Geschirrspülmaschinen auf mehreren Ebenen Verwendung.

Sprühstrahl

Sprung|tuch, das
Textiles Trimmgerät für Feuerwehrleute. Findet unter dem Motto „Spring dich frei!" bisweilen auch Anwendung bei der Höhenangst-Therapie in den Selbsterfahrungsgruppen der örtlichen Volkshochschulen.

Stick|ef|fekt, der
1. Effekt, der durch eine spezielle, der Filetstickerei nachempfundene Häkeltechnik erzielt wird. Heutzutage auch als Applikation erhältlich, die auf die Uniformen der Feuerwehrleute aufgebügelt werden kann.
2. Durch Versprühen eines Gemischs von Löschmitteln aus Pulver- oder Gaslöschern auf den Brandherd wird der Sauerstoffgehalt der Luft herabgesetzt, sodass die Flammen ersticken.

Stie|fel, der
Für die harte tägliche Arbeit des Feuerwehrmanns ist eine zweckmäßige Kleidung vonnöten. Besondere Bedeutung kommt hierbei dem Schuhwerk zu, das den Richtlinien der Unfallverhütungsvorschrift „Feuerwehren" bzw. dem Merkblatt der GUV „Sicherheitsschuhwerk für den Feuerwehrdienst" entsprechen sollte. Ist der Stiefel des Feuerwehrlers gut, dann besitzt er eine Sicherheitskappe; ist er sehr gut, ist er wasserdicht; ist er hervorragend, dann passt er sogar.

Streich|holz, das
1. Naturborstenpinsel mit Holzgriff. Wird ausschließlich zum Anstreichen von nikotin-geschwärzten Feuerwachenbereitschaftszimmern benutzt.

2. Hölzerner Stift des Bundesfinanzministers zur Kürzung von Subventionen. Auch als Rotstift bekannt.
3. Werkzeug des Violin-Virtuosen. Derb auch als „Geigenbogen" bezeichnet.
4. Eigentlich „Streichelholz". Ein mit manieristisch verschnörkelten Intarsien verziertes Liebesinstrument des ausgehenden Rokoko.

Stroh|feu|er, das
Begeisterung junger Burschen und Maiden für die Feuerwehr, die zwar bei der täglichen Arbeit rasch nachlässt, bei Grillfesten, Ausflügen, Skatrunden oder ähnlichen Feuerwehrtätigkeiten jedoch wieder rapide ansteigt.

T

The|a|ter|brand, der
Die Gefahr eines Theaterbrandes besteht bei brandaktuellen Inszenierungen auf den hölzernen Brettern, die die Welt bedeuten, zumal es sich bei den Theatern um hochbrennbare Stoffe handelt. Schon der Frankfurter Geheime Brandrat Goethe konstatierte: „Wie ist wohl ein Theaterbau? / Ich weiß es wirklich sehr genau: / Man pfercht das Brennlichste zusammen, / Dann steht es alsobald in Flammen."

The|a|ter|si|cher|heits|wa|che, die
Unterabteilung der Zensurbehörde.

Ther|mit|bom|be, die
Mit Termiten gefüllte Kanonenkugel.

RABE

Tu|lum|bad|schi, die
Mittelafrikanisch für „Feuerpatsche". Ähnlich der Fliegenpatsche bestehen das Tulumbadschi und die Feuerpatsche aus einem hölzernen Stiel mit angeflochtenem Lederlappen. Auch die Handhabung von Fliegenpatsche, Tulumbadschi und Feuerpatsche ist ähnlich. Nur werden mit Letzteren beiden keine Fliegen, sondern Feuer ausgepatscht *(siehe Seite 79: Zimmerbrand)*.

Tü|ren schlie|ßen!
Wichtiges Kommando – nicht nur bei der Bahn, sondern auch bei der Feuerwehr. Erstmaßnahme bei Bränden in geschlossenen Räumen, um den Brand ungestört sich selbst zu überlassen und damit einzudämmen.

Tur|ner|feu|er|wehr, die
Besonders sportliche Abteilung der Berufsfeuerwehr für akrobatische Spezialeinsätze.

U

Un|fall|ret|tungs|satz, der
Da es sich bei Einsätzen der Feuerwehr immer um einen Wettlauf mit der Zeit handelt und es daher auf schnelle, reibungslose Arbeitsabläufe ankommt, müssen die Kommandorufe kurz, einheitlich und prägnant sein. Auch leichte Verstehbarkeit ist ein Faktor der sprachlichen Kommandogestaltung. Im deutschsprachigen Raum lautet der erste allgemeine Unfallrettungssatz: „Alles ausrücken!"

Un|ter|was|ser|lösch|ar|bei|ten, die
Unterwasserlöscharbeiten gestalten sich immer schwierig, zumal das eigens präparierte Löschwasser nur schlecht vom umgebenden Umwasser zu unterscheiden ist. Selbst der berühmte Wasserforscher Jacques Cousteau hatte seine liebe Mühe, in Brand geratene Feuerquallen von seiner „Calypso" aus zu löschen. Trotz modernster Technik verlaufen Unterwasserlöscharbeiten auch heute noch immer unbefriedigend, ja fallen meist sogar ins Wasser.

V

Ver|bands|kas|ten, die
Plural von Verbandskaste. Ähnlich den gesellschaftlichen Kasten in Indien gliedert sich der Deutsche-Feuerwehr-Verband in verschiedene Schichten, die Verbandskasten.

Ver|eins|re|den, die
Vereinsreden für die Feuerwehr-Vereinsvorstände sind als Musteransprachen im Fachbuchhandel erhältlich. Die 934 Seiten sind in Ringbuch-Mechanik geheftet, sodass die Vereinsreden als einzelne Blätter herauszunehmen und mühelos ablesbar sind.

Ver|gla|sung, die
1. In der bauaufsichtlichen Benennung von Baustoffen wird zwischen „nicht-feuerwiderstandsfähiger Verglasung" und „feuerwiderstandsfähiger Verglasung" unterschieden.
2. Augenzustand bei zunehmender Alkoholisierung.

Ver|puf|fung, die
1. Schwache Explosion, die aber langsamer und mit geringerer Druckwirkung verläuft. Die Verpuffung fühlt sich gegenüber einer echten Explosion immer stiefmütterlich behandelt.
2. Einsatz im Rotlicht-Milieu.

Voll|bad, das
Erprobte Brandbekämpfungsmethode, bei der der Brandherd in einem bereit gestellten Wasserbecken gänzlich untergetaucht wird.

Voll|bart, der
Ein in Wasser getauchter üppiger Vollbart wurde lange Zeit als provisorischer Atemschutz benutzt. Seit Einführung moderner Atemschutzgeräte sind Vollbärtige und Träger starker Koteletten für den Einsatz mit Atemschutzmasken wegen mangelhafter Dichtwirkung ungeeignet.

RABE

Mit seinem Wassersparfimmel bringt er uns ganz schön in die Bredouille!
RABE

Vor|hang, ei|ser|ne(r), der
Schutzmechanismus aus dem Theaterwesen, der Bühne und Zuschauerraum im Brandfall feuersicher voneinander trennt. Früher auch der Versuch, auf der weltpolitischen Bühne im Falle eines ideologischen Großfeuers den Osten vom Westen abzuschotten.

Vor|le|ge|schlauch, der
In den Mannschaftsunterkünften der Feuerwachen verwendeter Bettvorleger in Schlauchform.

W

Was|ser, das
Grundstoff des Lebens und des Löschvorgangs. In der Chemie ist Wasser das Oxid des Wasserstoffs (= H_2O). Die Physik versteht unter Wasser den flüssigen Aggregatzustand obiger chemischer Verbindung mit einem Siedepunkt von 100 °C und einem Gefrierpunkt von 0 °C.

Was|ser|för|de|rung, die
Staatliche Subventionsmaßnahme zur Löschwasser-Kostendämpfung im Feuerwehrwesen nach dem Wasserförderungs-Gesetz (= WaföG). Nicht zu verwechseln mit dem BAföG (= Brand-Ausbreitungsförderungs-Gesetz).

Was|ser|mu|sik, die
Zweite Komposition des berühmten Londoner Feuerwehrblaskapellen-Dirigenten Georg Friedrich Händel *(siehe Seite 20: Feuerwerksmusik).* Die Wassermusik wird als Konditionierungsmittel zur Maximierung der Löschleistung nach Pawlow benutzt. Hierbei wird mittels Tonträger die Wassermusik bei Großeinsätzen der Feuerwehren über mobile Beschallungsanlagen abgespielt und dient auf diese Weise zur rhythmischen Koordinierung der Löscharbeiten. Die Wassermusik ist somit der Trommelmusik auf Strafgaleeren vergleichbar; sie ist daher zur Gebrauchsmusik zu zählen.

Was|ser|scha|den, der
Gefürchtete Spätfolge von Löscharbeiten. Als Faustregel gilt: Der Wasserschaden sollte geringer gehalten werden als der zu erwartende maximale Brandschaden. Ist dies nicht zu gewährleisten, sollten die Löscharbeiten im Zweifelsfall umgehend eingestellt werden. Zu Risiken und Nebenwirkungen eines Wasserschadens fragen Sie bitte Ihr Wasserwerk.

Was|ser|trupp, der
Kommandoruf. Von mittelhochdeutsch „Spritzet dat Wasser ta rupp" (vgl. neuhochdeutsch „ruff"). Im Lauf der Jahrhunderte zu „Wassert(a)rupp" verschliffen.

Was|ser|wer|fer, der
Sportlicher Feuerwehrmann. Ähnlich dem Diskuswerfer wirft der Wasserwerfer mit Wasser. Das Wasserwerfen soll demnächst vom IOC als olympische Disziplin anerkannt werden.

Wa|ter Light, das
Kalorienvermindertes, filmbildendes synthetisches Schaumlöschmittel.

WC, das
Begriff aus der Umwelttechnik. Internationale Abkürzung für „Water Clearing" (zu deutsch: Wasseraufbereitungsanlage). Auch unter der Bezeichnung OO (Odorologendy Organisation) beim Umweltbundesamt registriert. Das WC findet selbst in primitivst ausgestatteten Gerätehäusern von freiwilligen Dorffeuerwehren Verwendung zur Löschwasseraufbereitung.

Wein|brand, der
Brand des hochentzündlichen Stoffes „Wein". Kommt häufig in Branntweinbrennereien vor *(siehe Seite 10: Brenner, 1.)*. Unter Köchen als „Flambieren" bekannt.

Wir wollen
den Wasserschaden so
gering wie möglich
halten!
KÜCHENKREPP
SUPER
SAUGSTARK!
RABE

Nun beruhigen Sie sich! Wir hatten auch schon mal ein Wespennest im Garten!
RABE

Weiß|glut, die
Erhitzung des menschlichen Gemüts bei Verärgerung (Gegensatz: Herzensglut; *siehe Seite 32*). Feuerwehrtechnische Löscharbeiten bisher erfolglos. Wird beispielsweise ein in Weißglut befindlicher Feuerwehrhauptmann mit einem Hochdruckschlauch kalt abgespritzt, so nutzt dies rein gar nichts, ja steigert seine Weißglut nur umso mehr.

Wes|pen|nest, das
Die Entsorgung lokal deplatzierter Wespennester, vor allem in Privathaushalten und deren näherer Umgebung, zählt zu den Hauptaufgaben der Wehren. Solche Einsätze sind oft mit viel Leid und stechendem Schmerz verbunden. Viel lieber kümmern sich die Feuerwehrmänner um die Wespentaillen flotter Bienen, wobei sie dabei so manches Mal ins Wespennest stechen – was wiederum mit Leid und stechendem Schmerz verbunden ist.

Wo|chen|end-Nei|gungs-lehr|gänge, die
Die Wochenend-Neigungslehrgänge dienen der Nachwuchsförderung. Deshalb sollte die Teilnehmerzahl (inkl. Kursleiter/in) der Wochenend-Neigungslehrgänge für die Jugendfeuerwehren gerade, das Geschlechterverhältnis paritätisch sein.

Y

Yacht|brand, der
Häufig auftretender Versicherungsschaden bei Milliardären.

 Zigarette

Z

Zi|ga|ret|te, die
Von der Tabakindustrie gesponserte Arbeitsbeschaffungsmaßnahme für arbeitslose Feuerwehrleute.

Zim|mer|brand, der
Benannt nach Johann Nepomuk Zimmer. In seiner Stube entstand eine Feuerbrunst, weil er seine noch schmauchende Pfeife im Ohrensessel liegen gelassen hatte. Geistesgegenwärtig riss sich jedoch der vom Brandgeruch aufgewachte Zimmer das lederne Wams vom Leibe und schlug damit die Flammen aus. Seither wird ein Brand in geschlossenen Räumen als „Zimmerbrand" bezeichnet.

Zun|der, der
Ursprünglich: Mit Salpeter getränkter Feuerschwamm. In der Neuzeit werden Brennstärke und Brennweite eines Feuers in „Zunder" gemessen. Daher auch die Redensart „Das brennt wie Zunder".

Zünd|holz, das
Äußerst vielschichtiger Begriff:

1. Kleinste Brennholzeinheit. Über die örtlichen Revierförster und Holzbauern zu beziehen. Haushaltsübliche Abgabemenge: eine Schachtel zu 38 Sicherheitshölzern pro Monat.
2. Zündholz gehört zu den beliebtesten Holzarten für die Vertäfelung feudaler Sitzungszimmer in großstädtischen Feuerwachen.
3. Umweltfreundlicher Brennstab, der im Gegensatz zu den Brennstäben der Atomindustrie ohne radioaktive Verbrennungsrückstände abbrennt. Die Endlagerung der Zündhölzer erfolgt normalerweise in Aschenbechern. In seltenen Fällen werden Zündhölzer aber auch von Hobbybastlern in Form von originalgetreuen Kölner-, Münchner-, Mainzer-, Speyerer- oder Frankfurter-Dom-Modellen recycelt.

Zünd|hüt|chen, die
Umgangssprachlich für Feuerwehrhelm.

Genehmigte Lizenzausgabe
TOMUS, ein Imprint von EDITION XXL GmbH
Industriestraße 19
64407 Fränkisch-Crumbach 2017
www.edition-xxl.de

Idee und Projektleitung: Sonja Sammüller
Layout, Satz und Umschlaggestaltung:
design cat GmbH

Text: Christof Königstein, Thomas Schmid
Illustrationen: Ralf Böhme (Rabe)

ISBN 978-3-7366-4015-3